ほっかいどう

はじめての虫さがし

堀　繁久

北海道新聞社

めざせ、虫とりマスター ―― はじめに

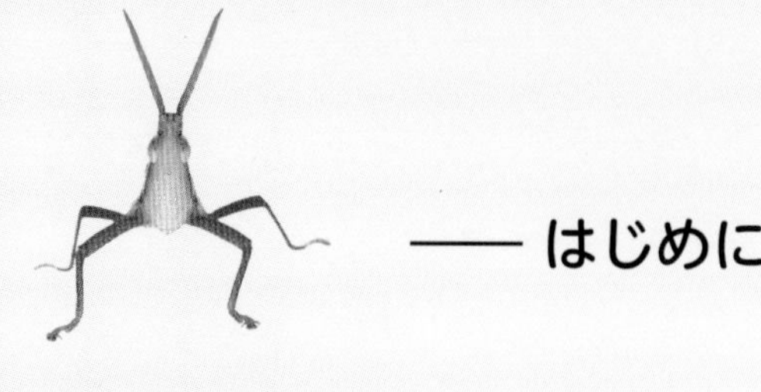

この本をこれから読むきみたちは、虫にさわるのはとくいかな？
今回、みんなに知ってほしい虫は、つぎの三つ。
さわると丸くなるダンゴムシ、ツノをひっこめるカタツムリ、ピョンとはねるバッタ。これらが、虫さがしのさいしょのターゲットだよ。
まずは外に出て、手にとどく場所にいっぱいいる、つかまえやすい虫からスタートしよう。その虫たちを手にし、ふれることで、虫とりのレベルが上がるんだ。

みんなもいつかは、すばやく飛ぶオニヤンマやアゲハチョウ、かっこいいカブトムシやミヤマクワガタをとってみたいよね。
こいつらをゲットするためにも、まずはこの本をすみずみまで読み、虫とりの基本をマスターしてほしい。すると、だんだんと生き物や自然にくわしくなって、虫とりがうまくなるんだ。
この本で、虫とりマスターをめざそう！

ほっかいどう **はじめての虫さがし　もくじ**

このページは
おうちの方といっしょに
読んでね

虫さがしの服そうと道具

ふくそう、もちもの
じゅんびはいいかな?

虫をさがしに家の外に出るときは、そのための準備がひつようだよ。虫さがしの服そうと、採集や観察にべんりな道具をしょうかいしよう。

服そう

虫にさされたり、草や木でかぶれたり、切ったりしないように長そで、長ズボンがおすすめ。くつは歩きやすい運動ぐつか、水辺や雨のなかを動き回るのには長ぐつがベスト。

① 帽子

日差しが強いときはツバつきの**帽子**をかぶろう。

② タオル

タオルを首にまいておくと、首を守ったり汗をふいたりで役立つよ。

外を歩くための持ちもの

③ 飲み物

脱水しないように**飲み物**を持っていこう。

④ 虫よけ薬

虫にさされないように**虫よけ薬**もあるといいよ。

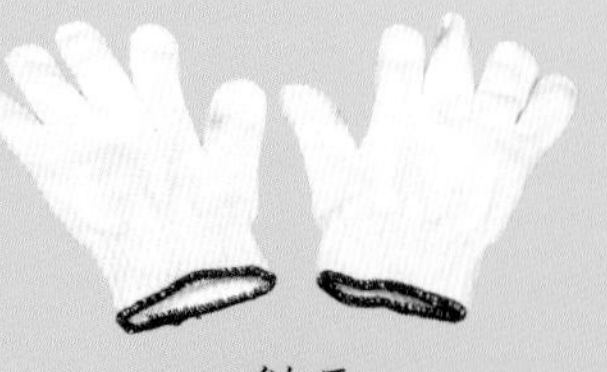

⑤ 軍手

土をいじったり、地面の石をめくりその下をさがしたりするには、**軍手**(作業に使う手袋)があるとべんり。

虫を持ち帰る道具

⑭ 飼育ケース

飼育ケースは、落ち葉や草を入れ、虫と一緒に持ち帰るのにべんり。

虫をつかまえる道具

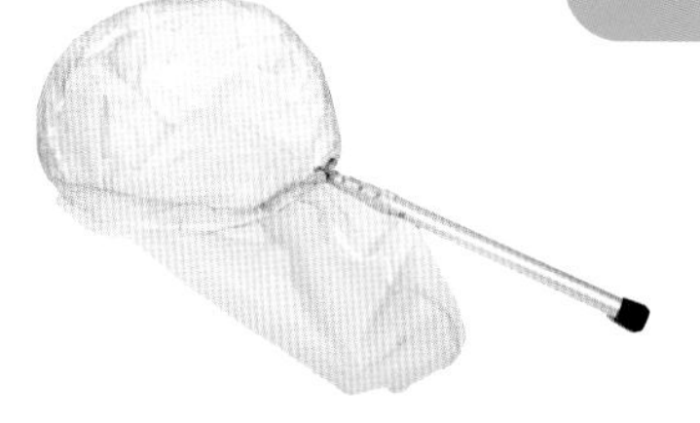

⑥ 虫とり網

虫とり網はせん門の道具から、100円ショップで売っているものまで、いろいろあるよ。

⑦ ふた付きのカップ

ふた付きのカップなども利用できるんだ。

⑧ ピンセット

穴の奥にいる虫などは**ピンセット**があるとべんりだよ。

⑩ ルーペ

⑧ ピンセット

虫をさがしたり、観察したりする道具

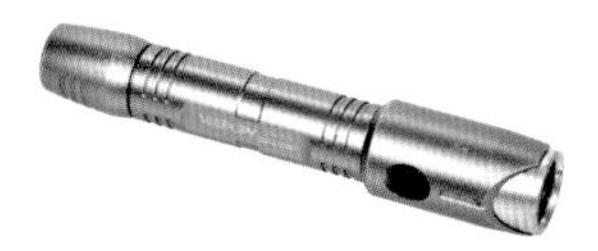

⑨ 懐中電灯

LEDの小型の**懐中電灯**があると暗い場所でも虫をさがせるよ。

⑩ ルーペ

ルーペがあると小さな虫も拡大して観察できるよ。

⑫ デジタルカメラ

⑬ スマートフォン

家の外で見つけた虫を**デジタルカメラ**⑫や**スマートフォン**⑬でさつえいしておくと、あとで名前を調べるのに使えるよ。その時できれば背中の側と横からの写真もとっておくと役立つよ。

⑪ 観察カップ

観察カップは容器に入れた虫を大きく見ることができるんだ。

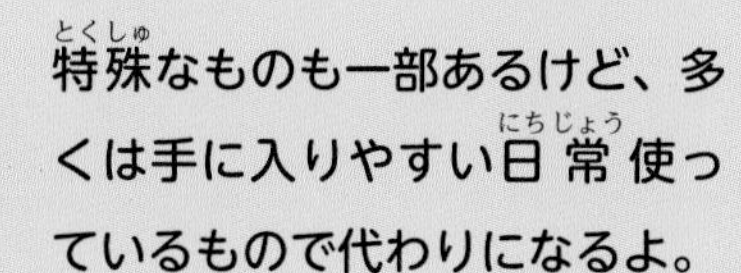

特殊なものも一部あるけど、多くは手に入りやすい日常使っているもので代わりになるよ。

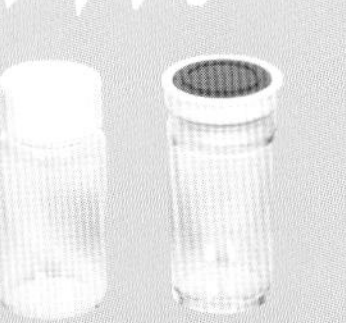

⑰ 小型容器

⑱ 空きびん

⑮ 食品保存容器

⑯ プッシュバイアル

食品保存容器⑮、**プッシュバイアル**⑯、**小型容器**⑰、**空きびん**⑱、**チャック付きビニール袋**⑲などは虫やエサを入れて持ち帰るのに役立つんだ。

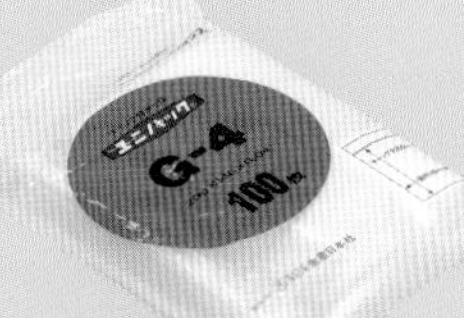

⑲ チャック付きビニール袋

⑳ 紙の空き箱

チョコやキャラメルなどの**紙の空き箱**は、カタツムリを持ち帰るのに使えるよ。

虫さがしの服そうと道具

このページはおうちの方といっしょに読んでね

100円ショップは虫とり道具の宝庫

虫とりや飼育にひつような**食品保存容器**❶、**粉末調味料入れ**❷、**ピルケース**（薬を入れる小さな容器）❸、**虫めがね**❹、**虫よけ薬**、**きりふき**❺、**ピンセット**、**LEDの懐中電灯**、**腐葉土**❻、**小物入れ**❼など多くは、100円ショップにあるよ。

園芸、けしょう品、衛生、生活用品などのコーナーをチェックするとべんりなものが見つかるはず。

夏なら、**虫とり網**❽や**虫かご**、**飼育ケース**などが、季節物のコーナーに置いてあることが多くべんりだよ。

❶ 食品保存容器

❷ 粉末調味料入れ

❸ ピルケース

小さな虫を小分けで収納できるよ。

❹ 虫めがね

いろんなタイプがあり、ライト付きのものも。

❺ きりふき

❻ 腐葉土

❼ 小物入れ

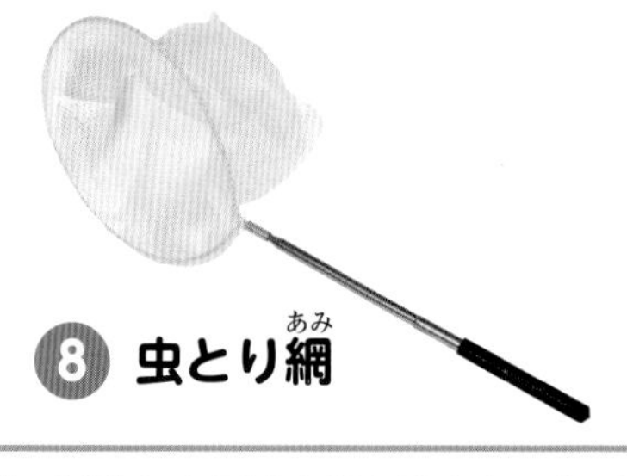

❽ 虫とり網

❾ 小麦粉用保存容器

ふたが網で通気が良く、生きた虫を運ぶのにべんりなんだ

おうちの方へ	前ページ記載の特殊な専用捕虫網や観察カップ、高倍率ルーペなどは一般の店ではなかなか扱っておらず、理化学機器専門店かネット通販で入手することになります。虫捕りに必要な服装は、釣具店に野外活動に適した帽子、ベスト、ウエストバッグなどがそろっています。

この本の案内役、男の子と女の子をしょうかいするよ。
ふたりはきょうだいで、外であそぶのが大好き。
たくさんの虫と出あいたい気持ちでいっぱいなんだ！

ぽち

ムシオくん（小学１年生）

理科を勉強しはじめて、生き物にきょうみしんしんな虫とり男子

サナギちゃん（ようち園年少）

お兄ちゃんの後ろについて歩き、なんでもねっしんに観察

チョウチョ先生

分からないことはなんでも教えてくれる、物知りな虫の世界の案内役

ダンゴムシ

ハマダンゴムシ

ダンゴムシは丸くなる

小さな子どもはみなダンゴムシが大好き！
この小さな虫をどうやって見つけ、
どうふれあうかを、しょうかいしていきます。

ころ

ころ

まあるく
なったよ

ころりん…

ダンゴムシはしめった場所が好きで、主に落ち葉を食べて
くらしているよ。近い仲間のワラジムシはきらわれるのに、
ダンゴムシは人気者。そのちがいは丸くなれるからなんだ！

おうちの方へ	ダンゴムシは地面に暮らす甲殻類。昆虫ではなくエビやカニに近い仲間です。

ダンゴムシを観察しよう

オス

しょっかく：触角

あし：脚

メス

しょっかく：触角

あし：脚

たまご：卵

オスとメスで
いろがちがうね

ダンゴムシのオスは黒っぽくて模様が少なく、
一方のメスはやや明るい色で模様が目立つよ。
ふ化した幼虫は体が白っぽくすけていて、かわいいよ。
またダンゴムシは落ち葉などを食べたら、
しかくいウンコをするんだ！

なんと！
しかくのウンコ!!

うまれたて
かわいいあかちゃん

おうちの方へ	オスには腹側の尾部に先端が二股に見える交尾器があります。メスは時期によって腹部の育児嚢に子どもを抱えています。

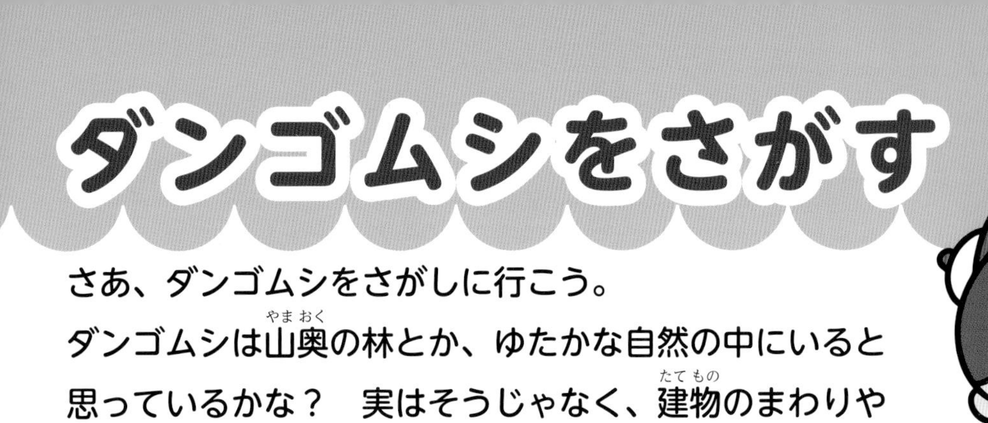

ダンゴムシをさがす

さあ、ダンゴムシをさがしに行こう。
ダンゴムシは山奥の林とか、ゆたかな自然の中にいると思っているかな？　実はそうじゃなく、建物のまわりや公園の木の根元など、わたしたちがくらすそばにいるんだ。

地面のコンクリートブロックをめくってみよう……

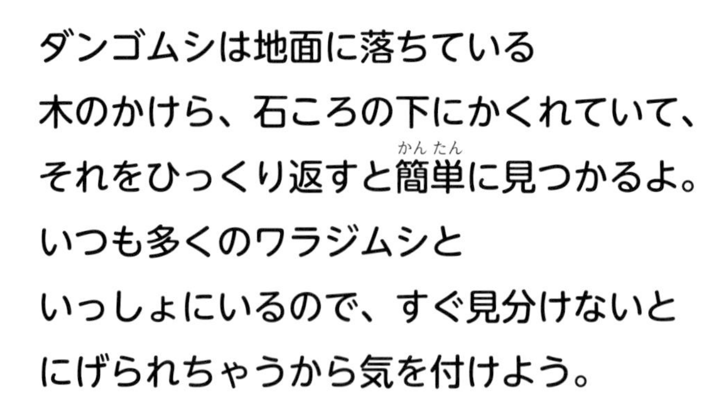

ダンゴムシは地面に落ちている木のかけら、石ころの下にかくれていて、それをひっくり返すと簡単に見つかるよ。
いつも多くのワラジムシといっしょにいるので、すぐ見分けないとにげられちゃうから気を付けよう。

特にコンクリートが好きでブロックのうらにたくさん集まったり、夜に木の切りかぶをさがすと、活発に動き回っているんだ。

かれ木に集まる
ダンゴムシ

おうちの方へ

ダンゴムシは乾燥が苦手で、地面が乾くと湿り気を求め隙間や物陰に隠れてしまいます。逆に雨上がりなど湿気がい多いと姿をみせ動き回るので見つけるチャンスです。ワラジムシとの形態の比較は 12 ページで紹介しています。厚みがあり表面に光沢があるのがダンゴムシです。

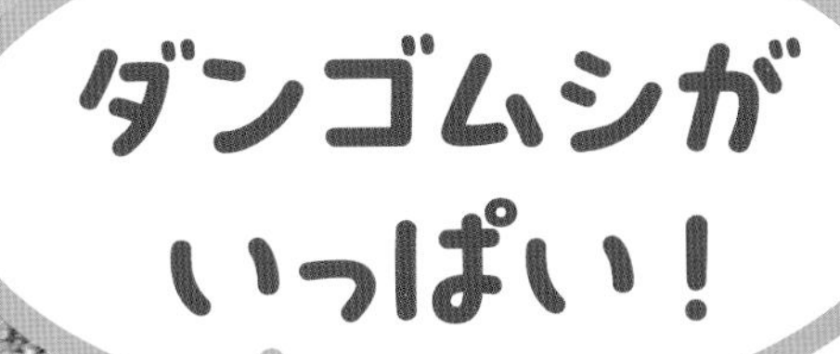

あめあがりに、
みーつけた

ダンゴムシとふれあう

ゆびでさわると
まんまるに！

ダンゴムシをつかまえたら、
ガラスのびんに入れてじっくり観察し、
そのあとに小さなお皿などにのせ、
指でつつくと丸くなるのを体験してみよう！

おうちの方へ	小さな子どもは何でも口に入れてしまうため、最初はふたがしっかり閉まる透明の瓶などに入れ、念入りに観察させるのがよいでしょう。薬の空き瓶、透明なプラスチック容器なども適しています。

ダンゴムシのなかま

みわけが
つくかな?

ダンゴムシ(オカダンゴムシ)

じっさいの大きさ

- 外来種、8–15 mm
- 家の庭や畑、公園で見つかる
- さわると丸くなる
- 尻の先は丸い

はなが
たかいよ

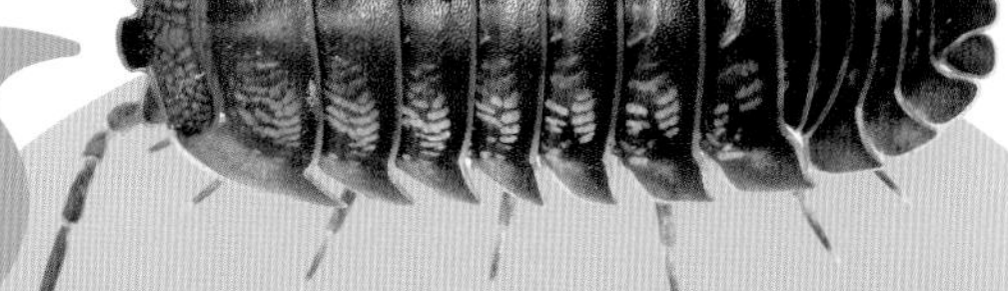

ハナダカダンゴムシ

じっさいの大きさ

- 外来種、10–14 mm
- 道内では札幌近郊で見つかっている
- 頭に台形の突起があり鼻が高いように見える

ハマダンゴムシ

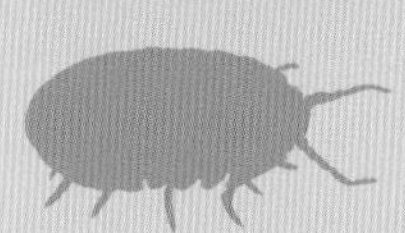

じっさいの大きさ

- 8–20 mm
- 海岸の砂浜にくらす
- 昼間は海藻の下や砂にもぐっている
- 夜は活発に活動して、海藻などを食べている
- いろんなな色と模様がある

ワラジムシ

じっさいの大きさ

- 5–12 mm
- 庭や畑、公園などで見つかる
- いっぱい見つかる種類
- さわっても丸くならない
- 尻の先は 4 本の尾がある

ヒメフナムシ

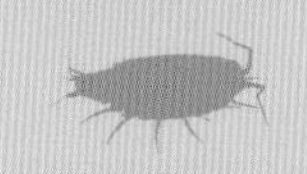

じっさいの大きさ

- 7–13 mm
- 森の落ち葉の下から見つかる
- 動きはすばやい
- ツヤツヤしている

丸い、きれい、かわいい ハマダンゴムシをさがそう

このまん丸で、いろんな色、
模様があるかわいらしいムシは、
海岸の砂浜にすむハマダンゴムシ。

夜になると砂浜に打ち上げられた
海藻を食べに集まるんだ。
昼の間は海藻の下の砂にもぐっているので、
そこを木の板で少しずつほっていくとコロンと出てくるよ！

こんなふうに、
さがしてみて！

夜になるとハマダンゴムシは
海藻を食べに集まってきます

幸せの？青いダンゴムシ

しあわせをよぶ！？
まるごとあおい
ダンゴムシ

童話「幸せの青い鳥」のお話は知っているよね。
ダンゴムシにも宝石のサファイアのように光って美しい「青いダンゴムシ」が時々見つかるんだ。
みんなの住むところのまわりにも、きっといるはずなので、ぜひさがしてみて！

青色がうすいものから、濃(こ)いものまで、
いろんな「幸せの? ダンゴムシ」がいるよ

ワラジムシにも
あおいろのものが
みつかることがあるよ

おうちの方へ

ダンゴムシの近縁種にしばしば現れる色で、イリドウイルスという病原体に感染することにより発色しますが、人間に感染することはなく無害です。

カタツムリ

サッポロマイマイ

カタツムリを知ろう

「でーんでん むーしむし♫」の歌で、みんな知ってるカタツムリ。
角や目玉をさわるとどうなるの？
どんなふうに生まれ、成長するのかも見ていきましょう。

カタツムリは卵から生まれた時から
せなかに小さな殻があって、
体が大きくなるにつれ殻も大きくなるんだ。
殻から出ている身の大部分は足で、
これではって歩くよ。

うまれたて
からが
せなかに

だいしょっかく
：大触角

しょうしょっかく
：小触角

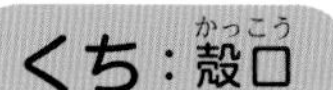

へそ：臍孔

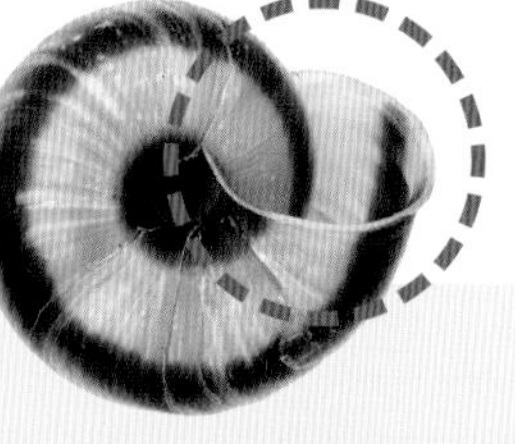

大人になると殻の入り口の周りが厚くなり、反りかえるよ。

わかいカタツムリは入り口の周りの殻はうすいんだ。

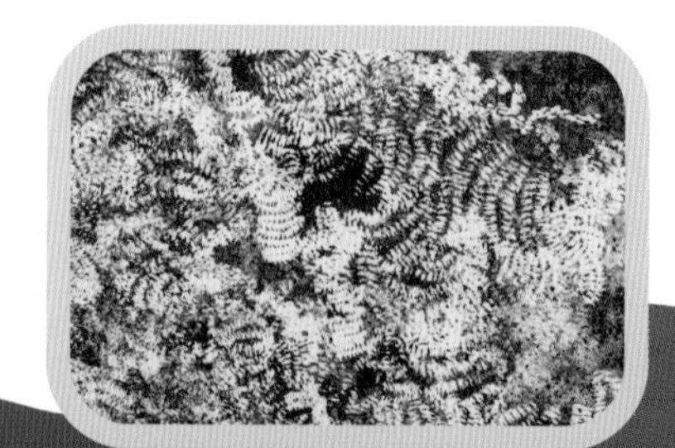

カタツムリが手すりに付いた藻を食べたあと

交尾するカタツムリ（エゾマイマイ）

口に膜を張って越冬するエゾマイマイ

カタツムリを観察しよう

童謡「かたつむり」では、
お前のあたま（めだま）はどこにある、
角出せやり出せ
あたま（めだま）出せ……
という歌詞があるよね。
殻にひっこんだカタツムリが
少しずつ顔を出す動きが歌になってるんだ。

カタツムリの角をやさしくさわってみよう。
角がひっこんで、その後にゅ〜っと
元にもどる様子が観察できるよ。

さわると
つのは
ひっこみ

また
にゅ〜っと
でてくるよ

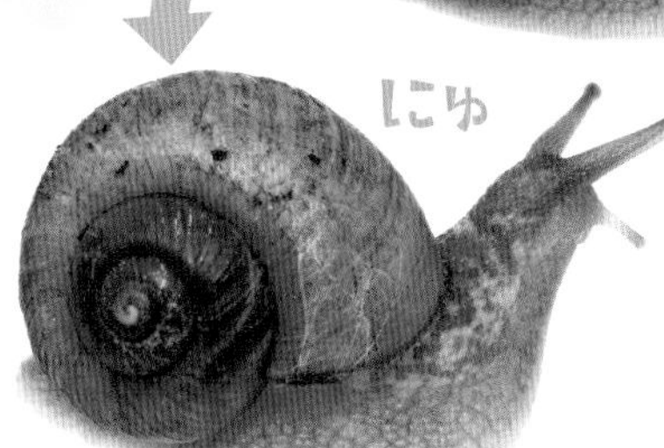

カタツムリを
さわったら後で
手を洗おう

おうちの方へ

カタツムリは陸に暮らす巻き貝の総称。自然界では植物の葉や木、石の表面の藻などを食べています。雌雄同体で一個体がオス、メス両方の役割を果たし、対になって交尾します。冬は殻の入り口に膜を張って越冬をします。

カタツムリをさがす

カタツムリは落ち葉の多い森が大好き。
森の中で、地面から草の葉っぱ、木の上まで
じっくりさがしてみよう。見つかる季節は
5月の終わりから10月くらいまで。
雨の日や雨上がりだと、動き回っている
カタツムリが見つかるよ！

サッポロマイマイは
木の上が大好き。
ハルニレや
イタヤカエデの幹が
特にお気に入り

森

もりのなか
いっぱい
みつけた！

葉っぱの上の
若いエゾマイマイ

小さなエゾマイマイの子ども。
子どものカタツムリは
区別がむずかしい

カタツムリは
キノコも大好物

葉っぱにくっつく、
ぐるぐるのヒメマイマイ

カタツムリは殻をつくるのにカルシウムをとるため、よくコンクリートのかべや橋げたなどについています

いけ、しっち
でも
さがしてみよう

池の周り

オカモノアラガイは池の周りや湿地に多くみられます。スゲの葉の上などによくついています

ふつうはカタツムリは森でくらしますが、森以外の場所で見つかる種類もいます。池や湿地の周囲には、白くてやや細長いオカモノアラガイが多く見られます。畑の周りや家の庭の植木ばちや石の下には、ウスカワマイマイがいます。

ウスカワマイマイは
森の中では見つからず、
畑の周りや家の庭などに
くらしているよ

いろいろなカタツムリ

いちばん
おおきいのが
ボク！

エゾマイマイ

- 直径 3–4 センチ、球形で大型
- 色は黄土色から茶色
- ２本の帯が入ることもある
- 殻口は広く丸い
- 森林性で地面や草の上
- 北海道で最大のカタツムリ

じっさいの大きさ

サッポロマイマイ

- 直径 3 センチ、低い円すい形
- 色は白く、無帯のものと太い帯をもつものがある
- 帯が途切れ途切れになることもある
- へそは広く深い
- 帯があるタイプはへその周りは黒い
- 森林性で樹上で見かける

じっさいの大きさ

ヒメマイマイ

- 直径 2–3 センチ、色は白色で巻き数が多い
- ２本の帯が入ることもある
- 殻口は幅広の三日月形
- 北海道固有種で、各地で形が変わる
- やや平たいタイプが多い
- 森林性、地面や草の上

じっさいの大きさ

ウスカワマイマイ

- 直径 2–2.5 センチ、球形で中型
- 色は黄土色で帯はない
- 殻が薄く透ける
- 殻口は広く丸い
- 森にはすまず、畑や庭、公園などに生息

じっさいの大きさ

オカモノアラガイ

- 長さ 2–2.2 センチ、卵形
- 殻はうすく透ける
- 色は薄い黄土色で
- 殻口は広く卵形
- 水辺周辺の草に多い

じっさいの大きさ

殻での見分けかた

大人のカタツムリの殻の見分けかたは、大きさ、かたち、殻の厚さ、殻口の形、色や模様、巻きの数、へその大きさ——といった方法があるよ。

殻の大きさとかたち

おかねと
おおきさ
くらべてみてね

細長いかたちのカタツムリ

オカモノアラガイ

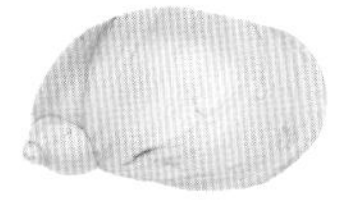

殻はうすい

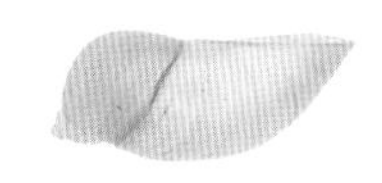

ふつうのカタツムリのかたち

1円玉くらい

ウスカワマイマイ

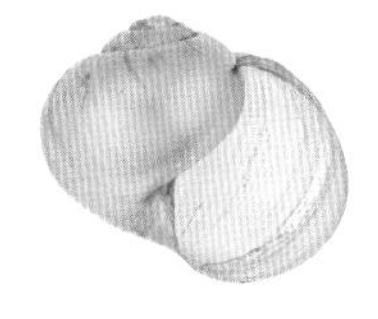

殻はうすい

へそはほぼ閉じる

10円玉くらい

ヒメマイマイ

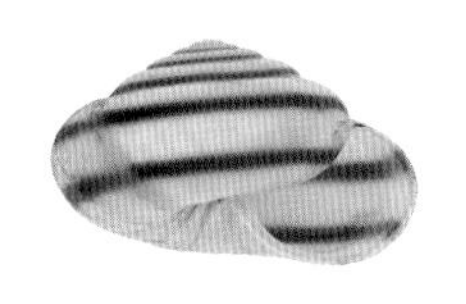

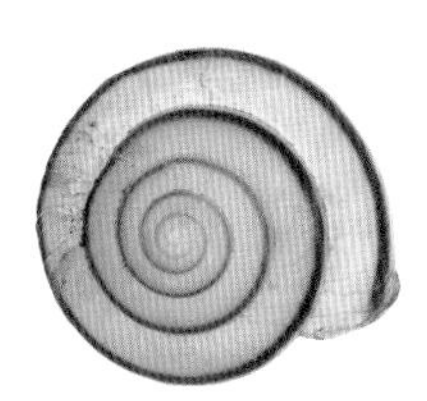

へそは白い

500円玉くらい

サッポロマイマイ

へそのまわりは黒い

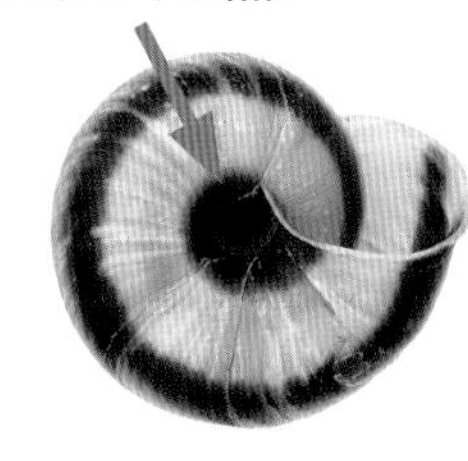

500円玉より
もっと大きい

エゾマイマイ

口が大きい

へそは狭い

カタツムリが放つ恋の矢って？

カタツムリは意中の相手に、
キューピッドのように恋の矢を放つって知ってたかな？
はんしょくのじゅんびが整った大人のカタツムリは、
頭の横から恋矢とよばれる硬いヤリのようなもの出し、
これを相手につきさして子どもをつくることがあるよ！

とどくかな!?
キューピッドの“や”

交尾の後に落としたサッポロマイマイの恋矢

はんしょくのじゅんびが整ったサッポロマイマイ。
頭のだいしょっかく（大触角）の間がコブコブにもり上がり、白い恋矢をつき出しているよ

おうちの方へ

雌雄同体のカタツムリの中には、交尾の際に恋矢（れんし：Love Dart）という石灰質の矢のようなヤリのような硬い突起物で相手を突き刺すことが知られています。この矢についている成分が、卵子の受精率を向上させるともいわれています。

バッタ

サッポロフキバッタ

バッタってどんな虫？

草っぱらやあき地へ行けば見つかるバッタ。
キリギリスやコオロギも仲間なんだって。
それぞれにどんなとくちょうがあるのかな？

メスのほうがおおきいんだね！

バッタを知ろう

子どもと大人の見た目の形が違うことが多い昆虫の中で、子どもが大人と同じ形で脱皮しながら成長するのがバッタ、キリギリス、コオロギの仲間だよ。後ろの脚が大きくジャンプ力があり、多くの種類では体が大きい方がメスなんだ。

みみ：耳

バッタの子ども。
ハネがまだ小さいので
胸の横の耳が見えるね

しょっかく：触角
みみ：耳
まえはね：前ハネ
ふくがん：複眼
うしろはね：後ろハネ
とうぶ：頭部
まえあし：前脚
きょうぶ：胸部
ふくぶ：腹部
うしろあし：後ろ脚
なかあし：中脚

バッタ、キリギリス、コオロギの見分け方

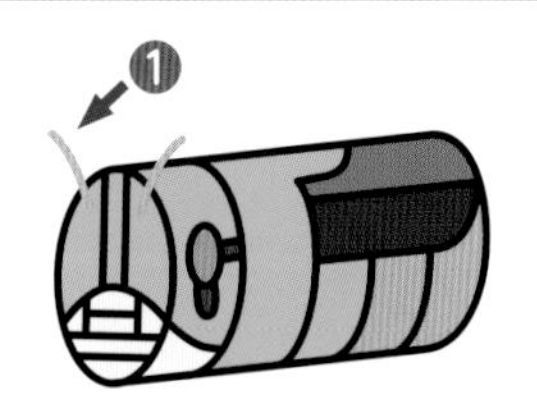

バッタの体

バッタは円筒形で触角❶が短く、メスは産卵管を持たないよ。耳は胸の両わきにあるよ。

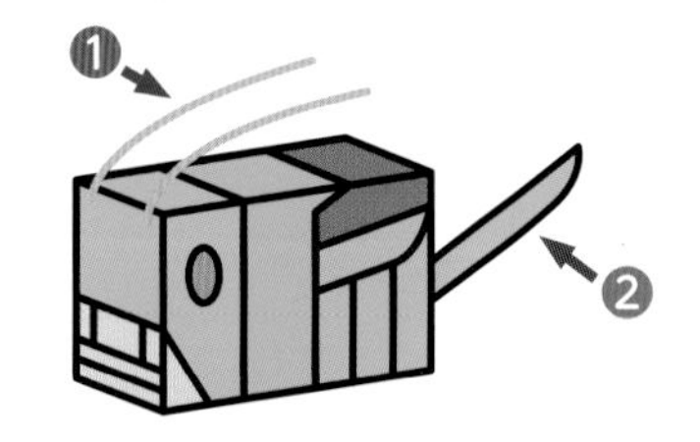

キリギリスの体

キリギリスは左右にやや平たく、触角❶は長く、メスの産卵管❷は刀のようなやや平たい形をしているよ。耳は前足のすねにあるよ。

コオロギの体

コオロギは上下にやや平たく、触角❶は長いよ。メスの産卵管❷は細長い注射器の針のような形なんだ。耳は前足のすねにあるよ。

おうちの方へ　バッタ、キリギリス、コオロギの仲間は、昆虫のグループ名称として直翅目（バッタ目）と呼ばれます。

バッタをつかまえたい！

多くのバッタは土の中に
産んだ卵で冬をこし、春に親と同じ形の
小さな「幼虫」として出てくるよ。
そして脱皮をしながら大きくなり、
夏～秋に大人になってみんなの前に姿を見せるんだ。

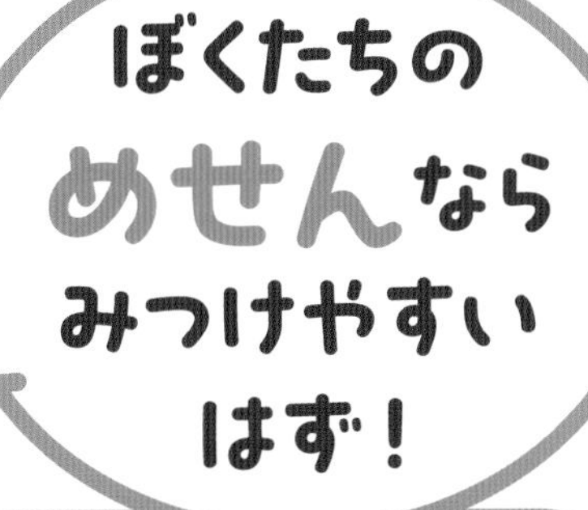

トノサマバッタの初齢幼虫

トノサマバッタの終齢幼虫

トノサマバッタのペア

バッタの仲間の多くは草原でくらしているよ。
バッタは地面や低い草に止まっていることが多いので、
みんなのような子どもの目でよく見つかるよ。

バッタのつかみ方

バッタをつかむときは、親指と人差し指でやさしく胸のところをつまんであげよう。脚や触角をつまむと取れちゃうことがあるので、気をつけてね！

カップを使ってつかまえる

道具を使う時は、コンビニのアイスコーヒーの容器など、ふたのある透明カップがべんり。草の上のバッタはふたとカップではさむように、地面の上ならカップをかぶせてから地面とカップの間にふたを差し込んでつかまえよう。
トノサマバッタなどのよく飛ぶ種類は、虫とり網を使うよ。

おうちの方へ

草に止まるバッタは虫網をかぶせても網と草の隙間から逃げてしまうので、素手の方が捕まえやすいです。左右の手のひらを合わせてできるおわん状の空間にバッタを捕らえ、空間を狭めて動けなくしてバッタをつかむよう教えてあげましょう。

バッタを

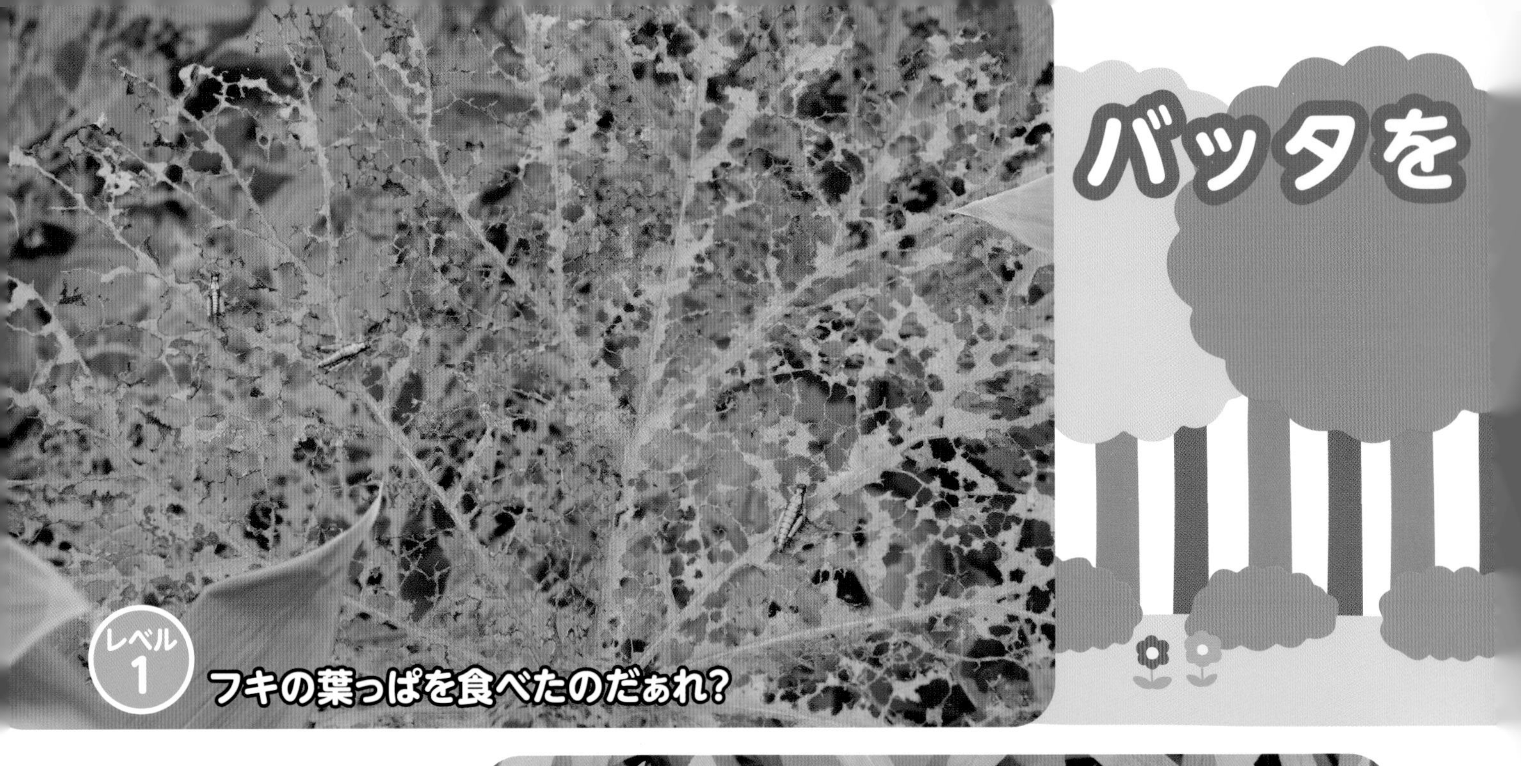

レベル 1 フキの葉っぱを食べたのだぁれ?

レベル 1 何びきいるかな?

レベル 3 かれ葉にかくれているよ

見つけてね

どこにいるかな？
さがしてみよう

バッタのほとんどの種類は
草っぱらにくらしているけど、

森や河原、海岸近くでくらす種類もいるよ。
天敵の鳥などに食べられないよう自分の姿や色が見つかりにくい場所にかくれていて、
なれないと見つけられないんだ。それを見つけられる目をもとう。
もう一つのさがす方法は、足元をよく見ながら草原をゆっくりと歩き回ること。
するとおどろいて飛び出すバッタが出てくるので、着地する場所でつかまえるよ。

背景にとけ込んでかくれているバッタを、何びき見つけられるかな？
レベル１ から レベル３ までのかくれたバッタさがしにチャレンジしてみてね。
レベル３ を見つけられたら、もうバッタさがしの達人だよ！

こたえは38ページに

バッタのなかま、大集合

北海道で見られるバッタ

じっさいの大きさ（オス）　じっさいの大きさ（メス）

トノサマバッタ

オス 36–40mm、メス 45–60mm
北海道で最大のバッタで、
後ろ脚のすねがオレンジ色。
何十メートルも音をたてて飛ぶ。

クルマバッタモドキ

オス 28–35mm、
メス 35–42mm
後ろハネに黒いタイヤのような模様をもつ。

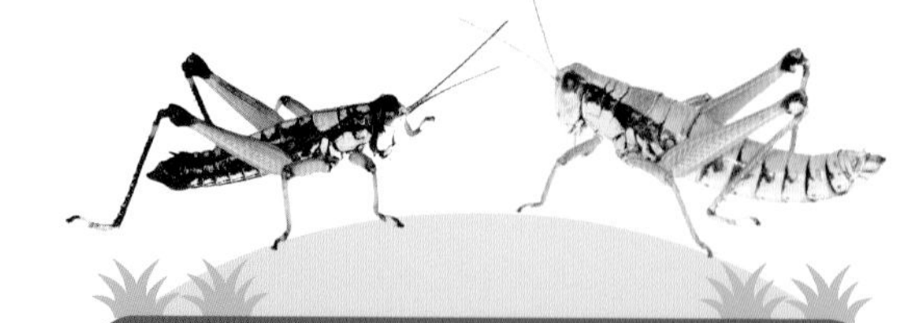

サッポロフキバッタ

オス 16–23mm、メス 20–28mm
大人になってもハネはない種類。林のふちでくらし、幼虫は黒っぽく集まってフキなどの葉を食べる。

ペアは左がオス、右がメスだよ

トノサマバッタ
いがいは
おおきさは
じつぶつといっしょだよ

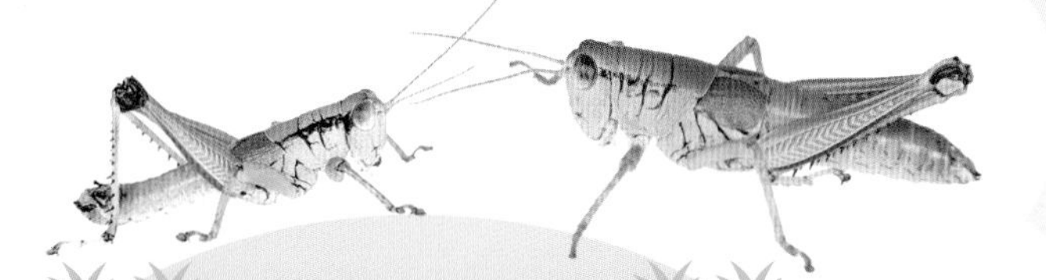

ミカドフキバッタ

オス 19–29mm、メス 26–38mm
大人になってもハネはない種類。後ろ脚の赤と青の模様が目立つ。

ハネナガフキバッタ

オス 22–30mm、メス 26–39mm
林のふちに多く、数メートルは飛ぶ。

イナゴモドキ

オス 21–26mm、メス 25–33mm
オスの触角はメスよりもやや長い、緑と黄色のタイプがある。

コバネイナゴ

オス 18–20mm、メス 20–26mm
本州では水田などで集めたものをイナゴの佃煮として食べたりする。

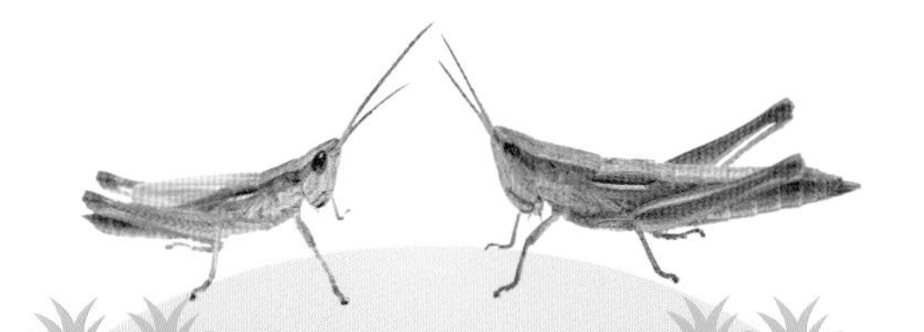

ナキイナゴ

オス 19–22mm、メス 24–30mm
オスとメスで大きさや形がちがう。初夏に成虫になる。

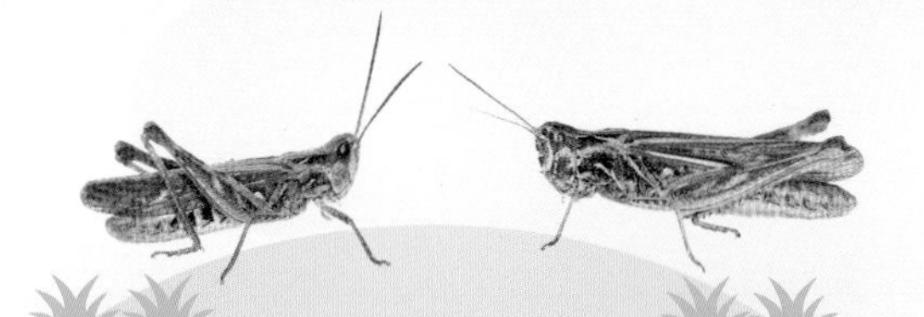

ヒナバッタ

オス 18–23mm、メス 23–27mm
草っぱらでよく見つかるバッタ。つかまえると口から茶色の液をだすので、子どもの間でショーユバッタと呼ばれる。

ヒロバネヒナバッタ

オス 22–27mm、メス 24–28mm
ヒナバッタに似るが、後ろ脚のひざが黒くオスの前ハネ前縁が張り出す。

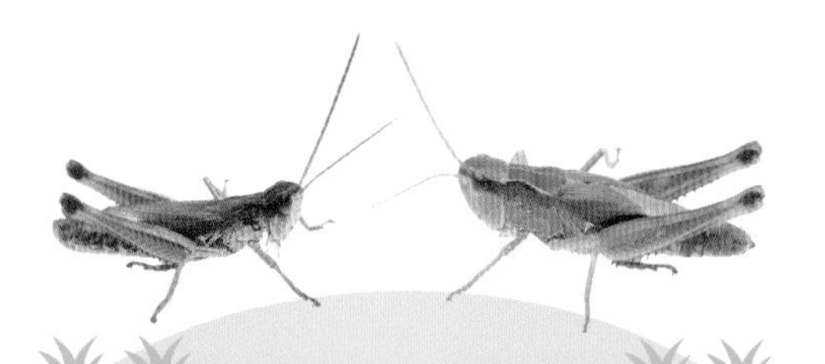

エゾコバネヒナバッタ

オス 17–23mm、メス 19–27mm
オスのハネは短く、腹の先をこえない。メスはハネが退化する。主に道北や道東に分布。

ツマグロバッタ

オス 33–36mm、メス 36–40mm
前ハネの先端が黒いのがとくちょう。ヨシの生える湿地などでくらす。

じっさいの大きさ（オス）　じっさいの大きさ（メス）

カワラバッタ

オス 25–30mm、メス 38–40mm
大きな川の河原でくらし、河原の石とそっくり。飛ぶと後ろハネの水色が目立つ。

ペアは左がオス、右がメスだよ

カワラバッタと
オンブバッタ
いがいは
おおきさは
じつぶつといっしょだよ

ヤマトマダラバッタ

オス 28–30mm、メス 30–33mm
良好な海岸草原でくらす。主に道南で見つかっている。

じっさいの大きさ（オス）　じっさいの大きさ（メス）

オンブバッタ

オス 20–25mm、メス 38–41mm
頭がとがった形をしている。オスがメスの背中（せなか）に乗っていることが多いのでこの名がつけられている。

むしめがねで
かくだい

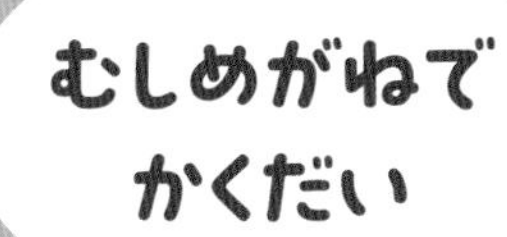

ハラヒシバッタ

オス・メス 7–10mm
地面でくらす小型のバッタで、上から見るとひし形をしている。いろいろな模様（もよう）のタイプがある。

見つけると幸運がおとずれる!? ピンクのバッタ

しあわせが
とんでくるかも?

バッタの色といえば、多くは緑色か茶色。
でもまれにあざやかなピンク色のバッタが見つかるんだ。
毎年夏になるとピンクのバッタを発見したという電話が博物館に届くし、
新聞やテレビなどでもニュースとして流れたりするよ。
ピンク色といっても、うすい色から濃い色までいろいろ。
このピンクのバッタを見たら幸運がおとずれるとネットでは話題なんだ。
ぜひ、幸運のピンクのバッタをさがしてみてね！

地面にいる時は思ったより目立たない
ピンクのヒナバッタ

背中がピンクのコバネイナゴ

おうちの方へ

ピンクのバッタは色素に関する遺伝子の突然変異で出現するので、めったに出合うことができません。北海道で見つかるピンクのバッタはヒナバッタやコバネイナゴ、ヒメクサキリが多いようです。

虫を飼う

ダンゴムシ

エゾマイマイの赤ちゃん

コバネイナゴ

虫を飼う前に気をつけること

ダンゴムシ、カタツムリ、バッタはどうやって飼うの？
エサは何をあげたらよい？　どんな容器が必要なの？
気をつけなくちゃならないことを学びましょう。

さいごに。ダンゴムシ、カタツムリ、
バッタの飼い方をしょうかいしよう。
どんな容器で、エサは何をあげたらよいかとか、
ふだんの世話や気をつけることをまとめました。

生き物を飼うと、虫の動きや育ち方をくわしく見ることができるんだ。
ただ、外でつかまえた虫をいっぱい飼うのは難しいよ。小さな飼育ケースでは、
ダンゴムシなら小さいもので10ひきくらいまで。
カタツムリやバッタは2、3ひきしか入れられません。
なので、たくさん虫をつかまえても、
外で観察するにとどめ、
家に持って帰るのは数ひきにしておこうね。

若いダンゴムシやバッタを飼うと脱皮しながら
大きくなるのを観察できるよ。カタツムリは
あげたエサでウンコの色が変わるんだ。
ニンジンをあげるとオレンジ色のウンコをするよ。

おうちの方へ

お子さんには、捕ってきた虫は責任もって最後まで飼うように教えてください。どうしても難しくなった時は適当に放したりせず、きちんと採集した元の場所に返すように教えてあげてください。環境教育として大切なことです。

ダンゴムシを飼ってみよう

ダンゴムシは乾燥すると死んでしまいます。
飼うときはフタのついた容器を使います。
でも、湿気が多すぎても弱ってしまいます。
プラスチック製の食べ物の保存容器を使って飼うときは、
フタに空気を通す穴を開けます。

かんそう
しないよう
しめりけが
たいせつ

一般的な、**とう明で空気の通るフタつきの飼育容器**で飼うのがよいでしょう。

わりばし か ピンセット

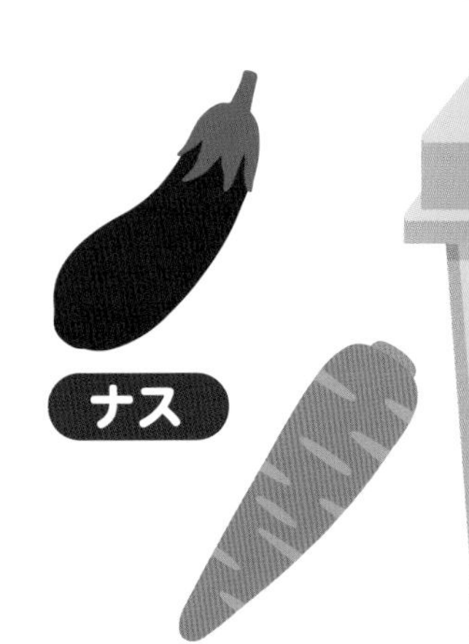

エサは、落ち葉の他にはニンジンやナスなど**日持ちのする野菜**が向いてます。

飼育容器の内側が曇ったり水滴がついたりするのは湿度が高すぎるためなので、**通気を良くしてあげましょう。逆に落ち葉がパリパリに乾燥してきたら、霧吹きで少ししめり気を与えて**ください。

乾燥が早いようなら**フタと容器の間に紙をはさんで**調整します。

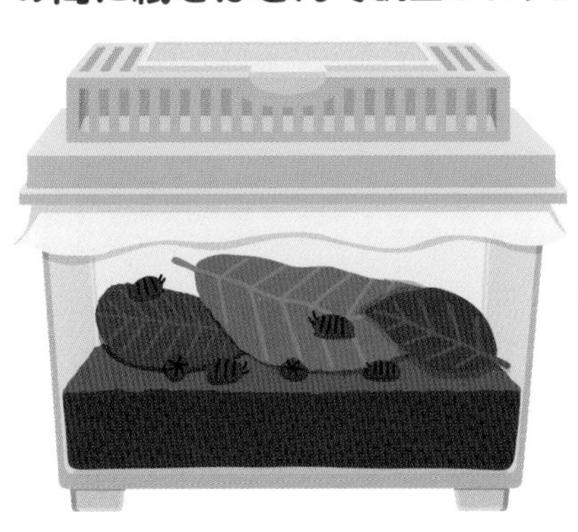

容器の中には**腐葉土と落ち葉**を入れてあげます。落ち葉はダンゴムシのエサになり、食べて減ってきたら新しい落ち葉を入れます。
飼っていると、落ち葉が食べられてダンゴムシのフンがたまってきますので、**1カ月に一度くらいは腐葉土と落ち葉を取り替えて**あげると良いです。

落ち葉

このページはおうちの方といっしょに読んでね

カタツムリを飼ってみよう

カタツムリは高温と蒸れに弱いので、野外でつかまえたカタツムリはチョコレートやキャラメルなどの紙箱に入れて持ち帰るとよいでしょう。
カタツムリは乾燥した場所では動かずに、殻の入り口に乾かないように膜をはってじっとしている性質があるので、長い時間でも弱らずに持ち帰ることができます。

もちかえるのは
おかしの
かみばこで

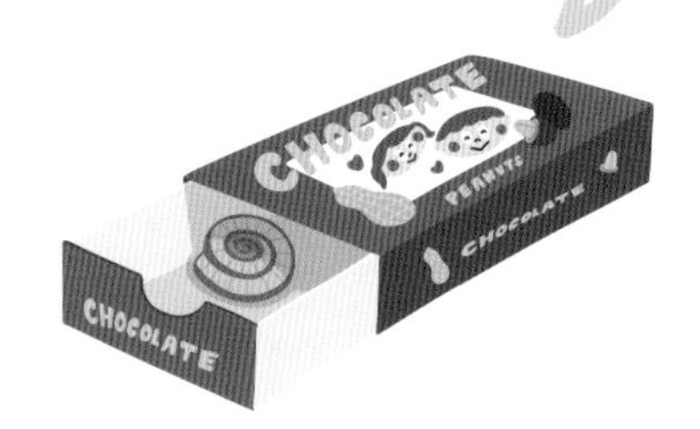

わりばし か
ピンセット

とう明の飼育ケースに、**土と落ち葉や枯れ木を少し入れて**飼うのがよいでしょう。

乾燥すると動かなくなりますので、そのときは霧吹きでしめり気を与えます。

イカの甲

卵の殻

ナス

ニンジン

あと、**殻を大きくするために**カルシウム源として卵の殻やイカの甲（カトルボーンという名でペットショップで売っています）を与えると成長がよいです。
エサを食べたあとの**フンを観察してみるのもおもしろい**です。
コンクリート片をかじったときは**灰色のフン**、ニンジンを食べたあとは**オレンジ色のフン**をします。

エサはナスやニンジンが日持ちするので使いやすいです。土に直接置くとよごれるので、**つまようじでさして少し地面から離すか、皿の上にのせてエサを与えます。**

このページはおうちの方といっしょに読んでね

バッタを飼ってみよう

バッタはとう明の飼育ケースに土を入れて飼います。
できればエノコログサ（ネコじゃらしの草）やスズメノカタビラなどの葉の細長いイネ科の草の株を植えておくと、エサやかくれ場所にもなるのでべんりです。

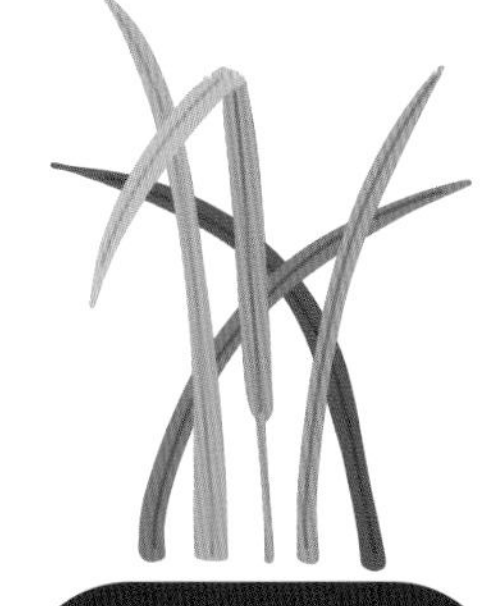

イネ科の葉っぱ

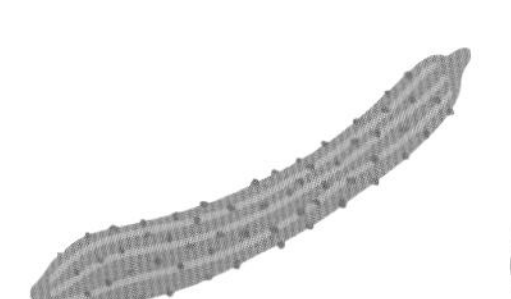

キュウリ

ナス

キャベツ

エサは原っぱのススキや牧草などのイネ科の葉っぱでよいですが、**手に入りづらいならキュウリやナス、キャベツ、リンゴなど**を与えます。

飼育ケースの**土は厚めに入れておくと、メスがおなかを土の中につきさして産卵します。**
卵を産んだら、バッタをとらえた場所の土に埋めてあげるか、飼うならば卵が乾燥しないように、すずしい場所で冬越しさせます。

わりばし か ピンセット

食べ残したエサは古くなる前に、**ピンセットやわりばしで取り除く**ようにします。

たまごが
うめるよう
つちはあつめ
にいれて

素焼きの植木ばちの土に卵を浅く入れ上に細かい網をかけて地面に埋めておくと、**次の春にふ化して小さな幼虫が出てきます。**

幼虫をつかまえてきて飼うと、脱皮や羽化（終齢幼虫が成虫に脱皮する時にハネがのびる）**が観察できます。**脱皮中や脱皮直後は、からだがやわらかいのでなるべく触れないように気をつけましょう。

このページはおうちの方といっしょに読んでね

バッタを見つけてね こたえ

みんなは何びきのバッタを見つけられたかな？

のバッタを見つけられたら、もうかなりの上級者だ。外に出てたくさんのバッタを見つけよう！

緑色のバッタは草の上、茶色のバッタは土やかれ草の上、灰色のバッタは砂や石の上にとまっているときは、背景にかくれてしまう。そうやって、鳥などに見つかって食べられないように進化してきたんだね。

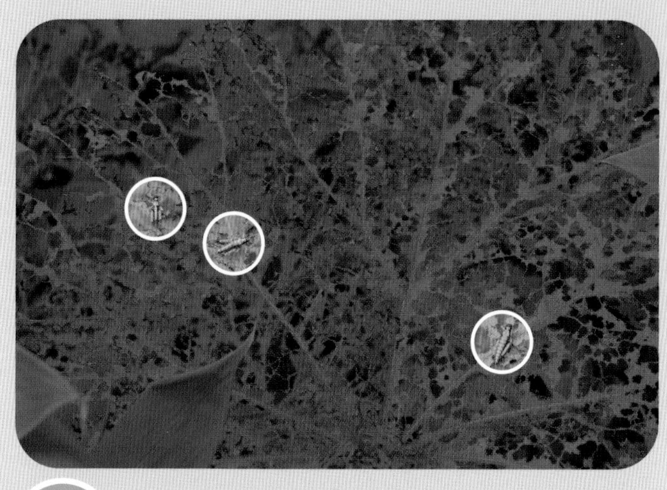

レベル 1 サッポロフキバッタ

レベル 1 ヒナバッタ幼虫、ヒシバッタ
イナゴモドキ幼虫

レベル 2 トノサマバッタ幼虫

レベル 3 ヒナバッタ

レベル 3 カワラバッタ

おわりに ── おうちの方へ

小さな子どもたちは動く生き物に興味津々で、目を輝かせてそれを見つめます。そのワクワクする心を摘みとらずに育むために、どんな生き物にどうやって触れさせたら良いのかを、この本では紹介しています。子どもたちは自然の中で小さな生き物に触れることにより、五感を使って興味や関心を発展させます。科学者の中には幼少の頃に昆虫少年だった方も多く、まさに「虫とりは自然科学への関心をひらく扉」と言えるかもしれません。

この本を持って、近所の公園や林に子どもと一緒に虫探しに出掛けましょう。そして、虫とりに興味を持ったらぜひそれを伸ばしてあげてください。本書では、小さな子どもが興味を持ち始めて、初めて触れるのに適したダンゴムシ、カタツムリ、バッタについて紹介しました。

虫は地上で一番種類の多い生き物で、今でも毎年多くの新種が見つかっています。虫に興味を持って野外体験を続けていくと、いろいろな生き物や自然に関係する思考が育ちます。その経験が科学を身につけるための基礎となっていくのです。

野外で虫を探すのがうまくなるには、フィールドに何度も出掛けることが大切です。博物館やビジターセンター、地域の自然団体が開催している昆虫の観察会に行くと新たな虫に出合えるので、ぜひ参加してみてください。

謝辞

この本の制作に当たって、以下の方々に協力いただいた。厚くお礼申し上げます。

表渓太、近藤直人、神真琴、澄川大輔、野村昭英、林正人、堀敦巳、水島未記、吉住要、吉住真由美、吉住裕大、脇村涼太郎（敬称略）

［著者プロフィル］

堀　繁久　（ほり しげひさ）

1961年札幌市生まれ。琉球大学理学部生物学科卒業。北海道開拓の村学芸員、北海道環境科学研究センター研究員、北海道開拓記念館学芸員、北海道博物館学芸部長を経て現在は同館学芸員。日本の北と南の端を主フィールドに、昆虫を求めて世界中を飛び回っている。子どもの頃にチョウとガに目覚め、それからクワガタムシ、オサムシ、ゴミムシ、ゲンゴロウ、カミキリムシ、ハネカクシ、バッタ、…カタツムリなどいろいろな生き物に興味をもってフィールドワークを続けてきている。好きなものは泡盛と南の島。

主な著書:『沖縄昆虫野外観察図鑑』（共著、沖縄出版）、『日本産コガネムシ図説①食糞群』（共著、六本脚）、『探そう！ ほっかいどうの虫』（北海道新聞社）、『昆虫図鑑 北海道の蝶と蛾』（共著、北海道新聞社）など。

ブックデザイン　韮塚香織
イラスト制作　やまだなおと

ほっかいどう はじめての虫（むし）さがし

2024年3月27日　初版第1刷発行

著　者　堀　繁久
発行者　近藤　浩
発行所　北海道新聞社
〒060-8711　札幌市中央区大通西3丁目6
出版センター 編集☎011・210・5742　営業☎011・210・5744

印刷所　（株）アイワード
製本所　加藤製本（株）

乱丁・落丁本は出版センター（営業）にご連絡ください。お取り換えいたします。

ISBN978-4-86721-123-6